Fotos de Mariposas para visu

Prepara con éxito tu examen de visu

DEDICATORIA

Este libro está dedicado a ti, la persona que lo tiene en sus manos y está dispuesta a estudiar las especies recogidas en esta propuesta de mariposas para visu.

Te lo dedico a ti porque mereces todo el respeto y ánimo para superar las pruebas que estás preparando.

Mucho éxito en tu examen y no desesperes, es una carrera de fondo, entrena con todos los medios a tu alcance y prepárate para hacerlo lo mejor que puedas.

CONTENIDO

1 Introducción i

2 Mariposas diurnas 1

3 Mariposas nocturnas 15

4 Lista alfabética de especies 21

INTRODUCCIÓN

En esta colección de imágenes de mariposas dispones de una selección representativa de los lepidópteros más comunes.

Son fotografías seleccionadas para entrenar la memoria visual y memorizar los nombres científicos de cada una de las especies con alta probabilidad de aparecer en exámenes de reconocimiento sin claves de ejemplares naturales.

No es fácil resolver una lista concreta, si bien hay especies imprescindibles que debes conocer. Están recogidas en las siguientes páginas. Por supuesto, podríamos incluir otras muchas más, pero hasta que no domines las 32 especies de lepidópteros recogidas en esta guía para la preparación de exámenes de visu no merece la pena que amplíes tu lista. Tampoco olvides las que ya sabes y que no aparecen en estas páginas, cuantas más especies puedas reconocer a simple vista más posibilidades de éxito tendrás en tu examen de visu.

El método propuesto es memorizar las imágenes, observando patrones de cada ejemplar mostrado. Sin distracciones ni información que te aleje del objetivo de reconocer cada especie y asignarle un nombre científico.

MARIPOSAS DIURNAS

Papilio machaon

Iphiclides feisthamelii

Aglais io

Aglais urticae

Vanessa atalanta

Vanessa cardui

Parnassius apollo

Zerynthia rumina

Apatura iris

Melanargia lachesis

Melanargia russiae

Tomares ballus

Polyommatus icarus

Gonepteryx cleopatra

Gonepteryx rhamni

Mariposas para visu

Lasiommata megera

Pararge aegeria

Mariposas para visu

Limenitis camilla

Nymphalis polychloros

Pieris brassicae

Pieris rapae

Pieris napi

Aporia crataegi

MARIPOSAS NOCTURAS

Saturnia pyri

Macroglossum stellatarum

Acherontia atropos

Euplagia quadripunctaria

Arctia caja

Cymbalophora pudica

Thaumetopoea pityocampa

Autographa gamma

Noctua pronuba

Mariposas para visu

LISTA ALFABÉTICA DE ESPECIES

Acherontia atropos	15
Aglais io	3
Aglais urticae	3
Apatura iris	6
Aporia crataegi	13
Autographa gamma	18
Arctia caja	16
Cymbalophora pudica	16
Euplagia quadripunctaria	15
Iphiclides feisthamelii	2
Gonepteryx cleopatra	9
Gonepteryx rhamni	9
Lasiommata megera	10
Limenitis camilla	11
Macroglossum stellatarum	14
Melanargia lachesis	7
Melanargia russiae	7
Nymphalis polychloros	11
Noctua prónuba	18
Papilio machaon	1
Pararge aegeria	10
Parnassius apollo	5
Pieris brassicae	12
Pieris napi	13
Pieris rapae	12
Polyommatus icarus	8
Saturnia pyri	14
Thaumetopoea pityocampa	17
Tomares ballus	8
Vanessa atalanta	4
Vanessa cardui	4
Zerynthia rumina	6

www.ingramcontent.com/pod-product-compliance
Lightning Source LLC
Chambersburg PA
CBHW040303220526
45473CB00002B/572